RÉFUTATION.

IMPRIMERIE DE HOCQUET,
Rue du Faubourg Montmartre, n.4.

RÉFUTATION

« *INSTRUCTION sur les moyens de connaître,*
» *de prévenir et de guérir la maladie,* connue
» *sous le nom de* **POURRITURE**, *ou vulgai-*
» *rement* **GAME**, *qui attaque les bêtes à laine*
» *des environs de Béziers;* » Publiée en 1820
par la Société d'Agriculture de la même ville,
et basée sur un rapport des Vétérinaires ABBAL
et CONDAMINE ;

Par MIQUEL, Vétérinaire.

BÉZIERS,

CHEZ HYPOLITE BOUSQUET, LIBRAIRE.

1825.

RÉFUTATION.

Une maladie, connue sous le nom de *Pourririture* ou *Game*, régna pendant l'année 1820, parmi certains troupeaux de l'arrondissement de Béziers. L'autorité, dans sa juste sollicitude pour tout ce qui intéresse la santé des habitans et l'intérêt des propriétaires, consulta les hommes de l'art, pour être éclairée sur les moyens les plus efficaces de s'opposer aux progrès de la maladie, et sur les mesures sanitaires que la prudence pourrait exiger de prendre dans cette circonstance. La Société d'Agriculture de Béziers proposa une série de questions, auxquelles MM. Abbal et Condamine, artistes vétérinaires, furent chargés de répondre; et c'est d'après leurs réponses que fut rédigée l'*Instruction* dont le titre est transcrit plus haut.

Comme cette *Instruction*, loin de remplir les vues tutélaires de l'autorité, tend, au contraire, à exciter des alarmes tout-à-fait chimériques, et froisse d'une manière déplorable les intérêts des propriétaires, j'ai cru ne pouvoir mieux répondre à la confiance dont m'honore un très-grand nombre d'entre eux, qu'en les éclairant sur la futilité des motifs qui ont servi de prétexte à des mesures de répression entièrement inutiles, provoquées par la crainte d'un danger imaginaire. C'est ce que la suite de cette discussion va démontrer sans réplique.

La Société d'Agriculture de Béziers demande : « Si la maladie connue sous le nom de » *pourriture* existe ; quel en est le caractère ; » quelles en sont les causes ; dans quelles parties de l'arrondissement elle exerce ses ravages ; » quelles pertes elle a occasionnées, en faisant » connaître l'état des animaux avant et après leur » mort ; quels sont les moyens qu'on doit employer, soit pour prévenir, soit pour guérir » une pareille maladie. (*Instruction*, pag. 3.) »

Ces questions étaient simples et bien présentées ; elles se réduisaient, médicalement parlant, à celle-ci.

1°. *Déterminer, la nature les causes et le traitement de l'epizootie régnante.*

L'autorité faisait ensuite une autre question, et demandait :

2°. *Si la viande des animaux malades pouvait exercer une influence fâcheuse sur la santé des habitans qui s'en nourriraient.*

Pour répondre à ces deux questions fondamentales, selon les vrais principes de l'art, il suffisait d'un peu d'attention, et d'une instruction médiocre.

Mais c'était encore trop exiger des deux vétérinaires consultés : on va en avoir la preuve.

Ire. QUESTION.

Quels étaient le caractère, les causes et le traitement de l'épizootie régnante?

L'épizootie observée en 1820 était bien la cachexie aqueuse (*pourriture, garne*) , telle que l'ont décrite Chabert , Huzard , Tessier, etc. Sur ce point les vétérinaires biterrois ont bien jugé ; mais examinons leur opinion sur les causes et le traitement qu'ils assignent à la maladie.

D'après le texte de l'instruction : « Les fortes
» gelées, la nécessité de nourrir les troupeaux
» à la bergerie pendant la mauvaise saison, la
» trop grande quantité de fourrages secs qui leur
» ont servi d'aliment, la difficulté de tempérer
» l'échauffement qu'ils procurent en distribuant
» de temps en temps des nourritures vertes , ou
» bien la négligence de leur donner à volonté des
» boissons mucilagineuses , ont donné naissance
» à la maladie qu'on appelle *pourriture.* » (pag. 1.)

S'il était vrai que les fortes gelées occasionnassent la pourriture , elle régnerait constamment dans le nord , ce qui est évidemment faux ; les bêtes à laine y sont pourtant nourries presque tout l'hiver dans les bergeries, avec des fourrages secs, qui y sont bien plus abondans que dans l'arrondissement de Béziers, où je soutiens, quoiqu'en disent MM. Abbal et Condamine, que les propriétaires de troupeaux ne font pas assez de provisions d'hiver, ce qui fut cause qu'en 1820, la *disette* des fourrages, et non la *trop grande quantité*, comme il est dit dans l'*Instruction*, fit déclarer la cachexie dans nos contrées.

Pourquoi, en outre, faut-il donner des boissons mucilagineuses (pag. 1 et 10.) ? pour tempérer l'échauffement que procurent les fourrages secs ? Nos deux experts savaient bien pourtant qu'ils décrivaient la cachexie, maladie asthénique, maladie de faiblesse ; ils n'ignoraient pas que les boissons mucilagineuses affaiblissent ; ils cherchaient donc la maladie en voulant l'éviter? Pourquoi encore donner ces boissons à volonté, quand il est prouvé que les bêtes à laine les refusent, alors même qu'elles sont pressées par la soif ?

N'auraient-ils pas mieux fait de conseiller des toniques? Sans doute ; les symptômes en offraient évidemment l'indication ; aussi les deux collègues les ont prescrits dans un autre paragraphe de l'*Instruction ;* mais c'était un peu tard.

Si nous passons au traitement curatif, il ne me sera pas difficile de prouver, que nos deux vétérinaires n'ont pas été plus heureux. Toute leur érudition s'est bornée à copier la méthode de M. Lardit, vétérinaire à Toulouse, sans se douter qu'ils auraient trouvé de bien meilleurs préceptes dans le Traité de l'illustre Chabert ; ce qui est d'autant plus étonnant, qu'ils avaient emprunté à cet auteur les matériaux qu'ils entassèrent mal-adroitement, en désignant les causes et en décrivant les symptômes et les autopsies de l'épizootie de 1820.

Malgré cet oubli, qui est en quelque sorte une ingratitude, ils prescrivent négligemment une foule de substances, sans les ranger d'après leur degré d'énergie, sans préciser les doses, sans indiquer le mode d'administration et les périodes de la maladie où il convient de faire usage des uns ou des autres. Ils ordonnent indifféremment l'absynthe et la gentiane, la sauge et le quinquina, comme si ces remèdes jouissaient du même degré d'activité ; et ils ne font pas attention que le quinquina, par sa cherté, absorberait en peu de jours la valeur des animaux malades. C'est sans contredit le meilleur moyen qu'ils pussent trouver pour décourager les propriétaires et les bergers, auxquels il ne faut conseiller que l'emploi des médicamens simples, peu dispendieux, et d'une administration facile.

Ces simples réflexions suffiront pour faire apprécier la justesse des vues pratiques des deux auteurs du rapport, relativement à la première question. Mais la seconde est encore plus importante : nous allons voir comment ils l'ont résolue.

IIme. QUESTION.

La viande des animaux malades pouvait-elle exercer une influence nuisible sur la santé des habitans.

Lorsqu'une épizootie menace d'envahir toute une contrée, il est sans doute de l'intérêt des propriétaires et du devoir des vétérinaires d'en faire la déclaration aux autorités compétentes, dans le plus bref délai, afin qu'elles puissent prendre à temps les mesures sanitaires capables de la prévenir et de l'arrêter dans sa marche.

C'est alors que les vétérinaires, revêtus d'un pouvoir légal, et chargés de l'étudier et de la suivre partout où elle s'étend, doivent s'attacher à en reconnaître le caractère et la nature, afin de pouvoir la combattre avec succès.

Mais plus la confiance que le Gouvernement leur accorde dans cette conjoncture est flatteuse, plus leurs fonctions exigent de l'attention, du zèle et de l'instruction.

Avant de répondre à une question qui intéresse tant la santé publique, il est nécessaire, indispensable même, que les vétérinaires consultent les meilleurs ouvrages publiés sur la maladie dont il est question ; qu'ils tâchent eux-mêmes de découvrir si, dans les cantons où elle règne, il n'y a pas des individus qui se soient trop pressés de faire usage de la viande suspecte, et quels ont été les effets d'un pareil aliment. Il est même des cas où il leur conviendrait de faire des expériences sur d'autres animaux, en les nourrissant de la viande des bêtes malades.

Alors en comparant les opinions des hommes de l'art les plus instruits aux observations nouvelles et aux autopsies cadavériques, ils seront assurés de porter un jugement solide et fondé sur la vérité.

Mais si, malgré l'autorité de tous les auteurs qui ont observé et décrit plusieurs fois la maladie épizootique régnante ; si, contre la voix publique qui ne proclame aucun accident de l'usage de la viande des animaux malades, et les observations particulières qui ne leur ont rien appris, ces vétérinaires, chargés d'éclairer la conscience de l'autorité, lui donnent l'alarme en l'induisant en erreur, et lui font mettre en vigueur des réglemens de police alors inutiles et préjudiciables à la société, ils étalent leur ignorance et ils se rendent indignes de la confiance publique.

L'extrême légèreté avec laquelle les auteurs du

rapport qui a servi de base à l'*Instruction* sur la pourriture de 1820 observèrent la maladie épizootique qui régnait alors, donna lieu à de fausses mesures de police sanitaire, par lesquelles la vente des bêtes à laine affectées de cette maladie fut prohibée sur le marché de notre ville, où l'on menaça, où l'on tenta même d'infliger une forte amende et de confisquer aux vendeurs ces mêmes animaux. On fit plus : il fut expressément défendu aux bouchers de livrer à la consommation cet aliment qui, dans des temps difficiles, aurait pu nous garantir de la disette; et cela n'est point étonnant, puisque les deux vétérinaires avaient déclaré que « la maladie épizootique régnante était la pourri- » ture ou la maladie cachectique des bêtes à laine, » qui menaçait de compromettre la santé des habi- » tans, s'ils faisaient usage de la viande des animaux » malades, parce qu'elle était malsaine; qu'il » fallait que la police exerçât la plus grande sur- » veillance sur les marchés; en un mot, qu'elle » ne devait point servir d'aliment, même dans » le principe de la maladie, parce que la viande » était déjà infiltrée. » (pag. 6 et 12.)

Sur quels motifs se sont fondés les auteurs de ce singulier rapport pour justifier d'aussi étranges conclusions?

Est-ce sur des faits? mais ils n'en citent aucun.

Est-ce sur des expériences? ils n'ont pas même eu l'idée d'en faire.

Est-ce sur l'autorité des auteurs? ils ne les ont point consultés.

S'ils avaient eu la moindre connaissance des travaux de Chabert, de MM. Hussard, Tessier, etc., sur cette matière, ils auraient vu que ces auteurs n'ont jamais douté de l'innocuité de la viande des animaux cachectiques, parce que leur expérience et celle de bien d'autres leur avait prouvé qu'il n'y a aucun danger de s'en nourrir (1).

L'arrêt du Conseil d'Etat du Roi, pour prévenir les dangers des maladies des animaux, du 16 juillet 1784, ne fait pas du tout mention de la pourriture des bêtes à laine ; on y désigne pourtant la clavelée et d'autres maladies contagieuses, et il est certain que les vétérinaires qui présidèrent à la rédaction de cet arrêt, n'auraient pas négligé

---

(1) On dira peut-être que les poumons des bêtes mortes de la cachexie de 1820 étaient désorganisés, qu'ils contenaient des tubercules, qu'ils étaient le siége de foyers purulens, que les bronches logeaient quelquefois des crinons, etc. (pag. 9.) Tout cela ne prouve pas que la chair musculaire eût des qualités délétères ; d'ailleurs, quand la maladie est aussi avancée, les organes qui constituent ce qu'on appèle les abatis ont un aspect si dégoûtant, que les ménagères les plus indigentes ne les achéteraient pas, même au prix le plus modique ; ils ne sont donc pas mis en vente ; et s'ils le sont, la police n'est-elle pas chargée de confisquer toute viande gâtée, pourrie, ou qui commence à entrer en putréfaction ; cela s'observe dans tous les temps, sans que l'autorité ait besoin de recourir à des mesures exceptionnelles.

d'y ranger la pourriture, alors maladie bien commune, s'ils lui eussent reconnu un caractère de malignité ; ce qui me porte à croire que ce n'est qu'à Béziers, pour la première fois, que le zèle ultrà-philantropique de deux vétérinaires trop clairvoyans a réveillé des mesures de police désastreuses contre une affection qui ne peut porter atteinte à la santé de personne (1).

Il y a déjà long-temps que l'on sait que les Anglais font contracter la cachexie aux bêtes à laine, avant de les livrer à la boucherie, preuve qu'ils ont reconnu que cette nourriture n'était pas malsaine ; leur but cependant est de faciliter l'engraissement de ces animaux, et de priver leurs voisins de leur belle race. Cette méthode et toutes les raisons que j'ai déjà citées, décidèrent M. Thomières, vétérinaire très-expérimenté de notre arrondissement, à déclarer que l'épizootie de 1820

---

(1) Une réflexion bien naturelle se présente ici. Deux *vétérinaires* étaient-ils compétens pour décider quelle influence la viande de tels ou tels animaux peut exercer sur la *santé des hommes* ? Ne serait-il pas convenable que, lorsqu'il s'agit de santé publique, par rapport à une maladie épizootique ou contagieuse, les autorités réunissent en consultation un certain nombre de *médecins* et de vétérinaires ? Les maladies, examinées alors sous plusieurs points de vue, y seraient beaucoup mieux jugées ; et c'est ainsi qu'on se conformerait aux sages intentions du monarque, qui, en instituant l'Académie royale de Médecine, a réuni, par un choix heureux, les médecins et les vétérinaires les plus distingués du royaume.

ne pouvait nullement porter atteinte à la santé publique, comme le prouve son rapport de la même année à M. le Maire de Maureilhan.

Enfin la Société Royale et Centrale d'Agriculture, dans le compte rendu de ses travaux de 1820, s'étonne que deux vétérinaires, à l'époque où nous vivons, aient eu la témérité de faire prohiber la vente de la viande des animaux atteints de la cachexie aqueuse ou pourriture, ce qui l'oblige, à l'occasion de l'*Instruction* bittéroise, de prévenir ses correspondans que cet aliment ne peut être nuisible.

J'ajouterai qu'il a existé un grand nombre de maladies épizootiques, et, qui plus est, très-contagieuses, entr'autres le typhus de 1814, qui régna sur les bêtes à grandes cornes partout où les troupes alliées se répandirent, sans que la consommation de la viande des animaux malades ait occasionné aucun accident.

Il est donc bien prouvé, par ce qui précède, que les deux auteurs du Rapport sur la *pourriture* ou *cachexie aqueuse*, qui régna en 1820 dans l'arrondissement de Béziers, se laissèrent entraîner par une fausse opinion, qui ne pouvait les conduire qu'à un jugement erroné ; que les autorités locales furent trompées par les réponses de ces vétérinaires qui, en s'engageant dans un travail bien facile pourtant, provoquèrent la publication d'une

Instruction sur une maladie qu'ils avaient appréciée sous tous les rapports ; que, par suite de cette erreur, l'agriculture et le commerce des bêtes à laine éprouvèrent des pertes immenses, à cause de la sévérité des mesures de police qu'on mit fort inutilement en vigueur à cette époque ; qu'il y a par conséquent plus de danger à répandre cette *Instruction*, qu'à laisser pleine et entière liberté de vendre les animaux cachectiques et de se nourrir de leur viande, parce qu'elle n'est qu'un peu plus fade que celle des bêtes à laine bien portantes.

Malgré cette fausse alarme, on ne peut que donner des éloges aux autorités locales, à M. le Commissaire de police, à la Société d'Agriculture et à M. le Préfet, pour l'énergie qu'ils déployèrent pendant cette épizootie ; ce qui doit être pour nous le plus sûr garant de leur sollicitude, dans le cas où une épizootie meurtrière et vraiment sérieuse viendrait affliger notre arrondissement.